**essentials**

*essentials* liefern aktuelles Wissen in konzentrierter Form. Die Essenz dessen, worauf es als „State-of-the-Art" in der gegenwärtigen Fachdiskussion oder in der Praxis ankommt. *essentials* informieren schnell, unkompliziert und verständlich

- als Einführung in ein aktuelles Thema aus Ihrem Fachgebiet
- als Einstieg in ein für Sie noch unbekanntes Themenfeld
- als Einblick, um zum Thema mitreden zu können

Die Bücher in elektronischer und gedruckter Form bringen das Expertenwissen von Springer-Fachautoren kompakt zur Darstellung. Sie sind besonders für die Nutzung als eBook auf Tablet-PCs, eBook-Readern und Smartphones geeignet. *essentials:* Wissensbausteine aus den Wirtschafts, Sozial- und Geisteswissenschaften, aus Technik und Naturwissenschaften sowie aus Medizin, Psychologie und Gesundheitsberufen. Von renommierten Autoren aller Springer-Verlagsmarken.

Weitere Bände in der Reihe http://www.springer.com/series/13088

Rolf J. Neveling

# Handwerkliches für den Mathematikunterricht

## Für Lehramtsstudierende, Berufseinsteiger und Seiteneinsteiger

Rolf J. Neveling
Wuppertal, Deutschland

ISSN 2197-6708 ISSN 2197-6716 (electronic)
essentials
ISBN 978-3-658-25115-4 ISBN 978-3-658-25116-1 (eBook)
https://doi.org/10.1007/978-3-658-25116-1

Die Deutsche Nationalbibliothek verzeichnet diese Publikation in der Deutschen Nationalbibliografie; detaillierte bibliografische Daten sind im Internet über http://dnb.d-nb.de abrufbar.

Springer Spektrum


Springer Spektrum ist ein Imprint der eingetragenen Gesellschaft Springer Fachmedien Wiesbaden GmbH und ist ein Teil von Springer Nature
Die Anschrift der Gesellschaft ist: Abraham-Lincoln-Str. 46, 65189 Wiesbaden, Germany

# Was Sie in diesem *essential* finden können

- Den Weg zu einem guten Betriebsklima im Mathematikunterricht,
- Lernmotivation durch Verstehen und Mitmachen,
- die Gestaltung von Einzelstunden,
- den Umgang mit Schwierigem,
- den Einsatz von unterrichtlichen Hilfsmitteln,
- die Vorgehensweise bei der Beurteilung von Schülerleistungen,
- und Anregungen, Mathematik im größeren Zusammenhang zu sehen.

# Vorwort

> The mathematician's patterns, like the painter's or the poet's must be beautiful … Beauty is the first test (Hardy 1940).

In diesem Buch geht es um das Handwerkliche im Mathematikunterricht. Im Zentrum steht der normale, unspektakuläre Unterricht. Es geht um die Gestaltung von Stunden, um Motivation im schulischen Alltag, um die Vorbereitung und das Schreiben von Klausuren, um mündliche Prüfungen, um die Notengebung, die Verwendung von Medien und um Weiteres. Didaktische Vorstellungen spielen dabei natürlich eine Rolle, sie stehen aber im Hintergrund.

Viele Jahre habe ich an einem Gymnasium unterrichtet. Ich habe ausprobiert, getestet, Neues in Angriff genommen, wieder verworfen oder auch nicht, Altes umstrukturiert und Vertrautes beibehalten oder kritisch gesehen. Machen Sie es genau so. Sehen Sie das Folgende als Anregung und als Probierfeld an – nicht aber als Weisheit.

Wenn Sie Ihr Handwerk sowieso verstehen, sind Sie hier falsch. Wenn Sie sehen wollen, wie ein anderer Handwerker zu Werke geht, tut das dem handwerklichen Fortschritt vielleicht gut. Ihnen wünsche ich viel Erfolg für Ihren Unterricht. Bei meiner Frau bedanke ich mich für die kritische Begleitung bei der Arbeit an diesem Text.

Und das Ziel?

Es geht mir darum, Unterricht so zu gestalten, dass er zu substanziellem Verstehen von Mathematik und damit auch zu guten Noten führt, dies in einem sympathischen Miteinander.

Rolf J. Neveling

# Inhaltsverzeichnis

# 1 Ein gutes Betriebsklima tut allen gut

Wenn ich eine Klasse oder einen Kurs neu übernehme, ist eines meiner ersten Ziele, für ein gutes Betriebsklima zu sorgen. Dabei bemühe ich mich,

- den jüngeren Schülerinnen und Schülern so zu begegnen wie den älteren,
- und den älteren so wie Erwachsenen,
- im Gespräch mit Schülerinnen und Schülern zuzuhören und die jungen Leute ausreden zu lassen, auch wenn das Gesagte ungenau oder falsch war,
- im Falschen das Körnchen Wahrheit zu finden und für den Unterricht nutzbar zu machen, denn Fehler sind völlig normal und Chancen für den geistigen Fortschritt.

Denn wir wissen,

- dass der geistige Fortschritt durch Denken und Lernen erfolgt, dem aber dann auch oft das Vergessen folgt, dass also *Denken – Lernen – Vergessen* völlig normal ist,
- dass Ironie nicht förderlich ist und
- dass Lernprozesse fast immer langsam ablaufen, also Geduld von uns verlangen.

 
R. J. Neveling, *Handwerkliches für den Mathematikunterricht*, essentials,
https://doi.org/10.1007/978-3-658-25116-1_1

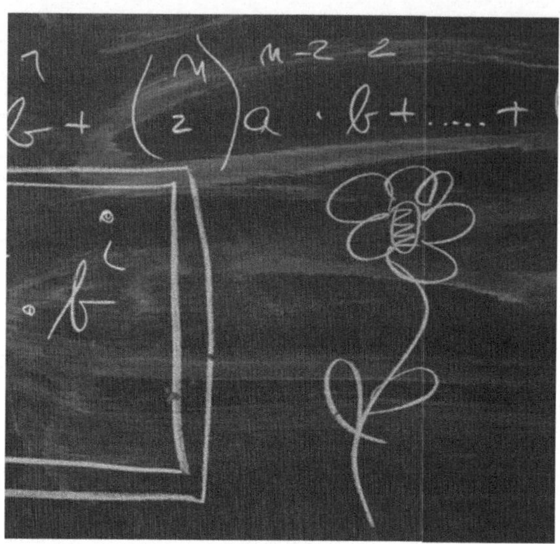

In einer angenehmen Atmosphäre zu arbeiten, ist für alle angenehm, für Lehrer natürlich auch. In diesem Zusammenhang noch ein Wort zur Arbeit mit Kollegen: Zum guten Betriebsklima im Kollegium gehört nicht nur das fachliche kollegiale Gespräch in Konferenzen und bei der Beurteilung von Schülerleistungen, sondern auch das sympathische Miteinander im Lehrerzimmer.

# 2 Motivation

Wenn ich vor einer Klasse oder einem Kurs stehe, möchte ich die jungen Leute dazu motivieren, mit mir ein mathematisches Thema zu bearbeiten, dies idealerweise mit Freude an der Sache. Ich beschreibe weiter unten Gestaltungselemente von Unterricht, die darauf abzielen, junge Leute dazu zu motivieren, gerne im Unterricht mitzumischen.

Nun unterscheidet man üblicherweise intrinsische und extrinsische Motivation. In unserem Geschäft bedeutet intrinsisch, dass ein Interesse, dass Neugier an mathematischen Fragestellungen bei einem jungen Menschen vorhanden ist. Dem trägt man üblicherweise mit problemorientierten Unterricht Rechnung, siehe unten.

Man darf aber wohl davon ausgehen, dass die Gruppe der eher nicht direkt an mathematischen Problemen interessierten Schülerinnen und Schülern, die hoffentlich wenigstens extrinsisch motivierten, größer ist. Zudem geht man sicher nicht fehl, wenn man viele junge Leute themenabhängig mal der einen, mal der anderen Gruppe hinzurechnet. Wie arbeitet man mit ihnen zusammen, deren Ziel vor allem und vernünftigerweise eine gute Note am Ende des Halbjahres ist?

Ich gehe nun zunächst auf den problemorientierten Unterricht ein, dies vor allem auch in kritischer Sicht, um danach Szenarien zu beschreiben, die eher dazu angetan sind, die ganze Lerngruppe zu aktivieren. Die hier relevanten Stichworte sind: Motivation durch Mitmachen, durch Zielorientierung und vor allem durch Verstehen.

**Motivation durch Start mit einem Problem und ein Umdenkungsprozess**
Am Anfang der Stunde formulieren Sie ein Problem, geben etwas Zeit und beginnen ein Unterrichtsgespräch, das mit Lösungsideen oder Ansätzen dazu beginnt. Idealerweise gelangt der Kurs dann zur Lösung der Fragestellung. Sie fassen am Ende der Stunde zusammen, das Ergebnis wird von allen notiert. So vorzugehen



R. J. Neveling, *Handwerkliches für den Mathematikunterricht*, essentials,
https://doi.org/10.1007/978-3-658-25116-1_2

ist in vielen Fällen sinnvoll. Sie bedienen die Mathematik-Fans der Gruppe, die natürlich Achtung verdienen.

Was ist aber, wenn es nicht so läuft wie in einem Bilderbuch? In vielen Fällen fand ich mich in einer fragend-entwickelnden Phase wieder, d. h. wer es weiß, fragt, wer es nicht weiß, soll antworten. Dies hat natürlich humoristische Aspekte. Wenn schließlich von einer Schülerin oder einem Schüler die richtige Antwort kommt, wie viele in der Gruppe von vielleicht 30 Personen haben dann den Sachverhalt durchschaut? Wie viele der Gruppe waren an der Diskussion beteiligt?

Das ist der Grund dafür, dass ich mich in einem Umdenkungsprozess wiederfand. Und dieser Umdenkungsprozess ist ein wesentlicher Grund dafür, dass ich diese Zeilen schreibe.

Er zielt darauf ab, möglichst viele Kursteilnehmer – also auch die Nicht-Mathe-Fans – in das Geschehen einzubinden, und dies, mit Hilfe von Unterrichtsmaterialien, Lehrbüchern, Arbeitsblättern und Medien, denen ich eine zentrale Rolle zuweise.

### Motivation durch Mitmachen

Stellen Sie sich vor, *Sie als Schüler* mit einer Vorliebe für die Literatur haben im Mathematikunterricht eine Idee, von der Sie nicht wissen, ob sie brauchbar ist. Sie bringen sich aber in die unterrichtliche Diskussion ein, denn Sie wissen, dass Sie nicht bloßgestellt werden, wenn Ihr Gedanke nicht der beste ist; die Lehrerin da vorne findet in Ihrem Beitrag vermutlich Brauchbares. Dann sind Sie beim nächsten Mal auch wieder in der Diskussion dabei. Das gilt aber für die ganze Klasse, der Unterricht macht mehr Spaß und die Zeit vergeht schneller. Langeweile kommt erst gar nicht auf. Sie mischen mit, obwohl Mathematik eigentlich nicht Ihr Ding ist, denn Sie sind ja eher literarisch orientiert.

Oder aus unserer Sicht gesagt: Wir arbeiten natürlich lieber mit einer wachen als mit einer schlafenden Klasse.

### Motivation durch Klarheit und Zielorientierung

> Das Seepferdchen schwamm durch das Meer und traf auf den Dorsch. Wohin schwimmst Du, fragte er. Ich schwimme durch das Meer und mache mein Glück. Dann traf es die Qualle, gleiche Frage, gleiche Antwort. Schließlich traf es den Hai … Da machte der Hai sein großes Maul auf und fraß es auf. Was lehrt uns diese Geschichte? Unklare Zielvorstellungen sind gefährlich.

Eine wesentliche Hilfe für die unterrichtliche Arbeit ist Transparenz.

Meine Empfehlung: Machen Sie am Anfang der Stunde oder der Reihe klar, worauf Sie hinauswollen. Welches Ziel soll erreicht werde? Weisen Sie im Laufe der Stunde auf den aktuellen Stand der Dinge und das Ziel hin. Mit Redundanz müssen wir leben. Fassen Sie am Ende der Stunde die Ergebnisse zusammen. Stellen Sie fest, was erreicht und was noch nicht erreicht ist. Klare Vorgaben helfen auch jedem, der eine Klausur schreiben muss. Wenn ich weiß, worauf es ankommt, habe ich eine größere Chance auf eine gute Note, weiter in Kap. 4.

**Motivation durch Verstehen**

Man muss die Dinge so einfach wie möglich machen. Aber nicht einfacher. (Einstein zugeschrieben) Verstehen als Glück: Erinnern Sie sich noch an den Augenblick, in dem Sie plötzlich einsahen, dass es unendliche viele Primzahlen gibt? Das hatten Sie zwar früher schon im Gefühl, plötzlich aber sahen Sie, es ist in der Tat so – es ist klar, kein Zweifel mehr. Die Augenblicke des Verstehens sind das Glück der Mathematiker. Vielleicht gelingt es Ihnen, bisweilen Ihrem Kurs solche Augenblicke entstehen zu lassen. Dann haben Sie gewonnen. In allen mathematischen Feldern ist Verstehen das Zentrale, auch binomische Formeln werden sinnvollerweise zuerst verstanden und dann gelernt.

Ein Weg zum Verstehen – der sanfte Start in das neue Thema:

Wir fassen das berühmte Einsteinzitat als Grundprinzip auf und und wählen als Start in ein neues Thema das Charakteristisch-Einfache, aber Zentrale des Neuen. Dazu drei einfache Beispiele, um klar zu machen, was ich meine.

**Beispiel 1**

Wenn es um Parabeln und quadratische Gleichungen geht, beginnen wir nicht bei Geraden, die sind nun zu einfach, sondern bei$x^2$, aber nicht bei $x^2 + 3x - 4$. Dann geht es weiter mit $x^2 + 3$, $x^2 - 3$,$(x - 3)^2$, $(x - 3)^2 + 1$, den entsprechenden Bildern, usw.

**Beispiel 2**

Wenn das Thema die Tangentensteigung ist, beginnen wir beim Kreis und der Tangente, die senkrecht auf dem Berührradius steht – damit ist klar, was eine Tangente ist, und gehen über in die völlig neue Problemlage bei $f(x) = x^2$; wir zeichnen und schätzen die Tangentensteigung in (1;1) ab, um dann den Differenzenquotienten und seinen Grenzwert ins Spiel zu bringen. Die Momentangeschwindigkeit und Beschleunigung kommen deutlich später, weiter in Kap. 7.

Ein anderer Weg zum Verstehen: Gehen Sie top- down vor. Skizzieren Sie den anliegenden Grundgedanken, und lassen Sie ihn dann vom Kurs z. B. per Buch ausarbeiten.

**Beispiel 3**

Um die Definition der Unabhängigkeit in der Stochastik zu erarbeiten, gehen Sie am Anfang der Stunde auf das Ziehen mit und ohne Zurücklegen ein, der Kurs erarbeitet dann mit Buch die Standarddefinition.

**Minus-Motivation**

Was motiviert vermutlich eher weniger? Hier zwei von vielen denkbaren Minus-Motivationen:

*Hinweis auf die Wichtigkeit des Themas:* Versetzen Sie sich in die Denkweise Ihrer Schülerinnen und Schüler: Würde Ihnen der wiederholte Hinweis auf die Wichtigkeit eines Themas für Ihre schulische Zukunft weiterhelfen? Sie bezweifeln diese Wichtigkeit ja auch gar nicht, jedoch – motiviert das? Wenn nicht, dann ist der Hinweis langweilig.

*Motivation durch Anwendung:* Unterrichtstypische Anwendungen kommen häufig aus der Physik, aus der Umwelt oder aus den Wirtschaftswissenschaften. Wenn sie als Motivation für die nachfolgende eher reine Mathematik dienen sollen – Beispiel: Tangentensteigung –, setzen sie genauere Kenntnis des zugrunde liegenden Sachverhalts voraus – Beispiel: Geschwindigkeit. Das ist häufig nicht der Fall, der Start in das Thema ist dann ein Fehlstart.

# 3 Disziplin – zusammenarbeiten wie in einem Orchester

Ohne eine gemeinsame Arbeitshaltung läuft der Unterricht nicht – das Ideal ist ein Umgang miteinander wie in einem Orchester. Das Ziel ist ein tolles Konzert mit viel Applaus. Dann muss aber jeder sein Instrument richtig spielen, sonst entsteht kein harmonischer Musikgenuss. Und jeder muss auch die Noten der anderen Orchestermitglieder und den Dirigenten beachten.

Im Mathematikunterricht ist es nicht viel anders, Disziplin ist funktionale Disziplin, die man sinnvollerweise seinen Schülerinnen und Schülern vor allem auch erforderlichenfalls öfter erklärt. Zusammenarbeit in einer Klasse gelingt nur, wenn man andere respektiert, wenn man möglichst genau den anderen zuhört, wenn man stilvoll und konstruktiv kritisiert und weiterdenkt. Dies alles muss man jedoch lernen – übrigens mit unserer Assistenz.

Wenn dann jemand – was ja vorkommen soll – einer klaren Ansprache bedarf, so besteht die Kunst darin, es so zu machen, dass es wirkt, und dennoch erkennbar Sympathie im Spiel ist.



R. J. Neveling, *Handwerkliches für den Mathematikunterricht,* essentials,
https://doi.org/10.1007/978-3-658-25116-1_3

# 4 Das Drei-Phasen-Modell

Sehr viele Unterrichtsstunden dürften nach einem Standardschema ablaufen, das ich das drei-Phasen-Modell getauft habe.

1. *Startphase:* Die Lehrerin oder der Lehrer fasst am Anfang der Stunde das Ergebnis bzw. das Wichtige der letzten Stunde zusammen. Dazu gehört die Besprechung der Hausaufgabe. Dann leitet sie oder er in das Stundenthema ein und erläutert das Ziel der anliegenden Arbeit.
2. *Arbeitsphase:* In der Hauptphase der Stunde befasst sich die Lerngruppe mit dem intendierten Inhalt, also dem Stundenthema.
3. *Schlussphase:* Am Ende der Stunde fasst die Lehrerin oder der Lehrer Ergebnisse oder den Stand der Arbeit zusammen und stellt eine Hausaufgabe.

Das Drei-Phasen-Modell hat natürlich zum Ziel, möglichst viele junge Leute in der Lerngruppe zur Mitarbeit zu motivieren. Es stellt einen gewissen formalen Rahmen dazu bereit.

**Phase eins und drei**

Die ersten Minuten der Stunde gehören mir: Ich sage, worauf ich hinaus will. Und die letzten Minuten gehören wieder mir – ich sage, wie weit wir gekommen sind und was wichtig war und ist. Dazu formuliere ich z. B. das Ergebnis, fasse zusammen und erkläre den Sachverhalt noch einmal. Sollte jemand kritisieren, dass *ich* zusammenfasse und nicht mein Kurs, so weise ich darauf hin, dass eine gewisse Effektivität und Ergebnisorientierung zwingend ist und einer Schülerzentriertheit durchaus nicht im Wege steht. Trotz expliziter Schülerorientierung bin ich der Chef.

 
R. J. Neveling, *Handwerkliches für den Mathematikunterricht*, essentials,
https://doi.org/10.1007/978-3-658-25116-1_4

**Phase 2: Und der Kurs macht Mathematik**

Die große Mitte der Stunde jedoch gehört unseren Schülerinnen und Schülern, die laut oder leise nachdenken, Probleme diskutieren, die sich mit dem Buch oder einem Arbeitsblatt befassen, die Texte studieren, Aufgaben lösen, rechnen, zeichnen, Fehler suchen, die an der Tafel vorführen, erklären, fragen, nachfragen, anzweifeln, neue Aufgaben entwerfen, Aufgaben variieren etc. Wenn Sie mich nun fragen, ob ich träume, so sage ich, träumen Sie mit. Natürlich erreichen wir unser Ideal oft nicht, aber wir sollten daran arbeiten.

Stichwort Gruppenarbeit: Bei der Erarbeitung eines neuen Themas kann ich mir eine Gruppenarbeit, in der alle mit dem gleichen Inhalt befasst sind, durchaus vorstellen. Wenn es um das Bearbeiten von Aufgaben geht, ist auch arbeitsteilige Gruppenarbeit denkbar, wenn es die Art der Aufgaben nahelegt. Die Gruppen stellen dann in der Folge ihre Lösungen an der Tafel dar.

In vielen Situationen scheint mir die Zusammenarbeit in der Zweiergruppe der Banknachbarn am effektivsten.

**Arbeit mit dem Lehrbuch**

Sie haben am Anfang der Stunde also gesagt, wohin die Reise gehen und wo der Schwerpunkt nun liegen soll; nun stellen Sie den Kurs an die Arbeit. Das kann etwa so geschehen, dass Sie bitten, einen Text des Lehrbuches zu studieren, den Sie zuvor ausgewählt haben. Solche Texte dürfen durchaus kurz sein.

Ich persönlich liebe ja noch die Bücher, die aus Papier gemacht sind; und ich denke, sie sind im Unterricht unkomplizierter zu handhaben als Elektronisches.

Da der Zeitgeist vor allem auf Anwendung steht, blättere ich im Sinne des sanften Starts so lange im Lehrbuch, bis ich auf den mathematischen Kern des Themas stoße, mit dem mein Kurs natürlich anfängt. Nach dem Textstudium in kleiner Gruppe bitte ich darum, den gelesenen Sachverhalt darzulegen und Fragen zu klären. Durch Hinweise auf den Text und immer wieder auf den zentralen Gedanken versuche ich zu helfen. Manche Leute nennen diese Vorgehensweise das *sokratische Prinzip.* Wenn Sie Ihren Kurs dazu bringen, mathematische Texte genau zu lesen, haben Sie viel erreicht. Der Kurs tut dann das, was für uns Mathematiker sowieso selbstverständlich ist. Und – Ihre Kollegen anderer Fächer werden Ihnen dankbar sein, denn sorgfältiger Umgang mit Texten ist für alle Fächer zentral.

Wählen Sie dann im Lehrbuch Aufgaben aus, die sachte weiterführen und in kleinen Gruppen bearbeitet werden: Problemorientierung im Kleinen. Mit Anwendungen geht es schließlich weiter.

Eine kleine Anmerkung: Eine Schülerin oder ein Schüler fragt mich etwas Fachliches, und ich bin versucht, mit einer Gegenfrage zu antworten, um sie oder ihn zum Weiterdenken anzuregen. Macht das Sinn? Mein Gegenüber hat ja schon gedacht und erwartet nun eine klare sachliche Antwort, die ich ihm dann hoffentlich auch gebe.

**Arbeitsblatt versus Lehrbuch**

In der mittleren Phase liegt es natürlich auch nahe, mit Arbeitsblättern zu arbeiten. Jedoch – Arbeitsblätter sind ein weites Feld. Sie können hervorragend sein, sie können hilfreich sein, sie können wenig hilfreich sein, sie können weiterführen oder auch nicht. Wenn nach dem Arbeitsblatt das nächste und dann das nächste folgt und … – Sie wissen schon -, dann kann das den Unterricht, indem ja Menschen *miteinander* arbeiten, langweilig werden lassen. Denn – variatio delectat.

Meine ernst gemeinte Frage: Sind Ihre Arbeitsblätter wirklich besser als das Lehrbuch? Haben Ihre Blätter verbindende Texte, kann man in ihnen nachschlagen und nachlesen, oder sind es nur Aufgabenplantagen?

Und noch ein Zweites: Lehrbücher liefern üblicherweise Texte und Aufgaben, vorgerechnete Beispiele, Aufgaben mit Lösungen, sodass man seine eigene Lösung überprüfen kann; und sie bieten Zusammenfassungen des Wichtigsten und Tests, die auf die Klausur vorbereiten können. Schülerinnen und Schüler sollten diese Hilfen überblicken, die das Buch liefert, und sie sollten lernen, damit sinnvoll selbstständig umzugehen.

**Die reine Übungsstunde**

In der reinen Übungsstunde ist die Angabe des Ziels wichtig: Was will ich mit den Übungen bezwecken, warum diese und nicht andere Aufgaben? Fertige Lösungen oder Lösungsansätze können dann vom Kurs an die Tafel geschrieben werden, und ich halte mich trotz meiner Mitgliedschaft im mathematischen Verschönerungsverein – siehe unten – erst einmal zurück.

▶ **Hausaufgabe**

Kurz vor der schriftlichen Abiturarbeit:

„Und dann hätte ich gerne, dass Sie die Aufgabe 4 als Hausaufgabe machen. Die passt genau zu unserem Thema. Ich bin gespannt, was Sie da herauskriegen."

„Die haben wir gestern schon gemacht. Wir waren einmal dran."

„Dann machen Sie Aufgabe 5. Die ist auch gut."

Pause

„Nein – die ist langweilig."

„Also – Sie suchen eine Aufgabe aus, die Ihnen passt. Ich freue mich auf die Diskussion."

Am Anfang einer Stunde:
„Ich habe die Hausaufgabe überhaupt nicht rausgekriegt. Darf ich mal an die Tafel gehen?"

Hausaufgaben sind sicher nicht unmodern. Sinnvoll ausgewählte Hausaufgaben sollten den Verstehensprozess fördern und Erlerntes festigen – also gebe ich Hausaufgaben auf. Schülerinnen und Schüler sollen allein an einem Problem oder an einer Aufgabe arbeiten. Jedoch – begründen Sie kurz am Ende der Stunde, warum Sie gerade diese Aufgabe ausgewählt haben, denn es geht selbstverständlich nicht um Beschäftigungstherapie, sondern um die Arbeit am Verstehen und um den Erwerb von Kompetenzen.

# 5 Versuch über das Schwierige

**Wann ist etwas schwierig?**

Wesentlich für die Planung von Unterricht ist es, eine Antenne dafür zu haben, wann ein Thema für einen Kurs schwierig ist. Wann also ist ein Unterrichtsgegenstand vermutlich schwierig?

Ich versuche eine Art Erklärung:

> ▶ Verstehen bedeutet zu erkennen, wie Objekte zusammenhängen. Ist die Distanz zwischen den Objekten, deren Bezüge untereinander man verstehen muss, eher groß oder hat der Verstehensprozess viele Etappen, so hat man es mit einem schwierigen Gegenstandsbereich zu tun.

Das sehe ich als Beschreibung des *Schwierigen* an. Die Frage, was Verstehen ist, kann man natürlich in einem viel größeren Rahmen sehen. Wenn Sie dem nachgehen wollen, so siehe Wikipedia.

Ein für mich klassisches Unterrichtsbeispiel an dieser Stelle sind quadratische Gleichungen: Man muss den Zusammenhang zwischen dem Gleichungsterm und den binomischen Formeln sehen, oder man muss den Bezug zwischen der Gleichung und Quadraten in der Geometrie, also zwischen Formeln und Bildern herstellen, um die quadratische Ergänzung zu erfassen. Das halte ich für schwierig, weiter Kap. 7.

Ein weiteres klassisches Beispiel ist die Ableitung. Man muss mit der Steigung von Geraden vertraut sein. Man muss die Drehung der Geraden – etwa via Geogebra – im Zusammenhang mit dem Differenzenquotienten und seinem Grenzwert sehen. Wieder sind es die Bezüge zwischen Termen und Bildern, die zur Schwierigkeit werden können, weiter Kap. 7.



R. J. Neveling, *Handwerkliches für den Mathematikunterricht*, essentials,
https://doi.org/10.1007/978-3-658-25116-1_5

Und wie gehen wir mit dem Schwierigen im Unterricht um? Ich denke, es gibt kein Allheilmittel. Eines ist aber klar: Wir gehen sanft Schritt vor Schritt vor, leben mit Redundanz und Langsamkeit. Jedoch – wir gehen dem Schwierigen nicht aus dem Weg.

### Modellieren

Zu dem Schwierigen im Mathematikunterricht gehört sicher die Themenvielfalt im Bereich des Modellierens. Man denke etwa an die Verwendung von Parabeln und Exponentialfunktionen bei anwendungsbezogenen Kurvendiskussionen in vielen unterschiedlichen Zusammenhängen oder an das große Thema Binomial- und Normalverteilung.

> **Wichtig**
> Selber Modellieren oder Modellierungen kennenlernen? Das ist die Frage.
> „Ich verstehe darunter eine bestimmte Art von Problemlösung. Aber das, womit wir immer wieder konfrontiert sind, sind praktische Probleme. Ein erster Schritt wäre: das Modellieren – also überlegen, in welche geometrische Situation oder in welche Gleichung ich übersetzen kann, was ich gerade beobachtet habe. Der zweite Schritt: das Ausprobieren und Spielen – also eine Experimentalphase. Und da gehört dann auch das eigentliche Lösen dazu, aber auch das Aufschreiben und Überprüfen. Das sind Phasen, die sich nicht überspringen lassen" (Ziegler 2013).

Beachten Sie Zieglers Eingangsfrage, die ich als absolut wesentlich ansehe. Erfolgschancen im Unterricht hat man vermutlich nur dann, wenn man so vorgeht:

1. *Schritt:* Fertige und einfache Modellierungen kennenlernen, um zu verstehen, was mit Modellierung gemeint ist.
2. *Schritt:* Kennengelernte Modellierungen an einfachen Stellen abwandeln, wobei man die mathematischen Werkzeuge nicht wechselt.

Völlig neue Modellierungen von Schülern entwerfen zu lassen, kann ich mir kaum vorstellen.

Also: Wenn Sie mit Parabeln oder Exponentialfunktionen modellieren, dann bleiben Sie bei Parabel und Exponentialfunktion und wechseln zwischendurch nicht die Pferde.

Suchen Sie nach Literatur, die über das Lehrbuch hinaus geht, so suchen sie im Netz unter *Istron* und *Realitätsbezüge im Mathematikunterricht.*

**Vorwärts denken – rückwärts denken**

Es gibt in der Mathematik – grob gesagt – zwei Sorten von Problemen, die einen erfordern Vorwärtsdenken, die anderen Rückwärtsdenken. Wenn man die Kantenlänge eines Würfels kennt, denkt man vorwärts, wenn man das Volumen berechnen will; kennt man das Volumen und sucht die Kantenlänge, so geht es rückwärts – Malnehmen ist simpler als Wurzelziehen. Einen Term berechnen heißt vorwärts denken, eine Gleichung lösen, verlangt rückwärts zu denken. Funktionen ordnen zu, Umkehrfunktionen ordnen rückwärts zu, Beispiel: den Logarithmus naturalis verstehen. Wenn ich ein Problem habe, ist die erste Frage die, ob ich vorwärts oder rückwärts denken muss. Rückwärtsdenken ist meistens schwieriger.

**Definitionen**

Definitionen liegen auf der Hand, oder sie müssen erarbeitet werden. Den rechten Winkel zu verstehen, macht keine Mühe, die Definition der Differenzierbarkeit oder Integrierbarkeit zu erarbeiten, ist ein sehr viel schwierigeres unterrichtliches Unterfangen und erfordert Geduld und Liebe. Und – in vielen Fällen leben wir in unserem Mathematikunterricht damit, dass unsere Kundschaft eine angemessene Vorstellung von dem hat, was wir als ordentliche Mathematiker selbstverständlich sorgfältig definieren würden.

Stetigkeit verstehe ich, wenn ich ein Bild vor Augen habe und wenn ich sehe, wozu die Idee der Stetigkeit gut ist, etwa wenn ich das Umfeld, so z. B. den Zwischenwertsatz, kennengelernt habe. Die geniale $\varepsilon\delta$ -Stetigkeitsdefinition von Weierstraß muss dann nicht an der Tafel stehen oder sie ist als Beispiel für eine mathematische Präzisierung erarbeitet worden.

Noch ein Aspekt von Definitionen, der beachtenswert ist: Eine Definition grenzt aus, sie ist zugleich eine Minus-Definition. Man denke an finis. Wenn ich *Schimmel* definiert haben, weiß ich, wann ein Pferd kein Schimmel ist. Die Stetigkeitsdefinition sagt mir auch, wenn eine Funktion an einer Stelle nicht stetig ist.

**Beweisen und Begründen im Unterricht**

Mathematikunterricht ohne Beweise und Begründungen ist für mich nicht vorstellbar, auch wenn Beides sicher zu dem Schwierigen in unserem Geschäft zählt. Es geht jeweils darum, „zu verstehen, warum der betreffende Satz gilt“ (Müller und Wittmann 1988). Indem ich einen Unterschied zwischen Begründen und Beweisen mache, versuche ich, dem Formalen im Unterricht die Spitze zu nehmen.

An zwei Beispielen erläutere ich das Gemeinte:

**Begründen**

Die Quersummenregel für die Zahl drei wird an Zahlenbeispielen ausprobiert; dann schaut man durch die Beispiele hindurch auf den allgemeinen Fall, indem man ein Beispiel genauer analysiert, und sieht, die Regel stimmt; der Grund für ihre Richtigkeit ist also gefunden – sie ist begründet, ohne dass jeder Schritt der Argumentation ausführlich an der Tafel steht.

**Beweisen**

Ein Beweis zur Irrationalität von $\sqrt{2}$ ist ein größeres Unternehmen. Zudem ist er ein Prototyp für einen indirekten Beweis. Geführt wird er eher elementar oder über die Eindeutigkeit der Primfaktorzerlegung – also auf der Basis eines der großen Sätze der Mathematik, der dann wohl nicht bewiesen, sondern nur zitiert wird. Danach in Zukunft im Unterricht nur $\mathbb{Q}$ durch $\mathbb{R}$ zu ersetzen, wird der Faszination, die in den reellen Zahlen liegt, nicht gerecht. Zumindest sollte im Anschluss an den Beweis – im Sinne einer untersten Windung des Spiralprinzips – deutlich werden, dass die Idee der Approximation eng mit den reellen Zahlen verwandt ist. Hat man mit dieser Einsicht dann schon die reellen Zahlen im Kern verstanden?

Wenn Sie in einem Kurs einen solchen Beweis behandeln, so sollten Sie anschließend seine Bedeutung hervorheben. Beweise im Unterricht sind etwas Besonderes und kein mathematischer Alltag. Wer den Beweis als Schülerin oder Schüler verstanden hat, verdient Achtung, und das sollte man seinem Kurs auch sagen.

Und wie geht man bei einem Beweis vor? Man führt ihn langsam an der Tafel vor, oder – sehr oft besser – man lässt ihn mit dem Lehrbuch erarbeiten und steuert die anschließende Diskussion in der Gruppe mit Gefühl. Vielleicht hat auch eine Schülerin oder ein Schüler eine zündende Idee, auf die man dann eingeht. Ist der Beweis beendet, stellt sich die Frage, worin seine zentrale Idee besteht, vielleicht sogar, ob er schön ist. Denn – wie wir wissen: Beauty is the first test.

Die didaktische Literatur ist übervoll von Texten zum Beweisen im Unterricht, und deshalb glaube ich, hier kaum Neues schreiben zu können. Ein guter Überblick über das große Thema Beweisen findet sich in Brunner (2014, Kap. 2). Hinweisen möchte ich auch auf Müller und Wittmann (1988).

Nur so viel: In einen anspruchsvolleren Unterricht – so denke ich – gehören mindestens

- ein Beweis, dass es unendlich viele Primzahlen gibt,
- ein Beweis zur Irrationalität von $\sqrt{2}$,
- ein Beweis des Satzes von Pythagoras,
- ein Beweis der Produkt-Ableitungsregel, also: Die Produktregel lautet nicht so, wie man denkt,
- ein Beweis des Hauptsatzes der Analysis.

Was ist mit den großen Sätzen der Analysis, etwa dem globalen Monotoniesatz, dem Mittelwertsatz oder dem Zwischenwertsatz?

Wer eine anschauliche Vorstellung von Stetigkeit und Differenzierbarkeit hat, wird diese Sätze nicht bezweifeln. Ob man einen von ihnen im Unterricht beweist, dürfte von dem Kurs abhängen, den man vor sich hat. Ich möchte aber in diesem Zusammenhang Richard Courant zitieren: „In der Tat stellt die Berufung auf die geometrische Anschauung bei Beweisen in der Analysis ein logisch unbefriedigendes Element dar.... Man darf darüber aber nicht vergessen, dass eine jahrhundertelange glänzende, überaus erfolgreiche Entwicklung der Mathematik ohne eine Befriedigung dieses Bedürfnisses möglich war." (Courant 1971, S. 53).

Gemeint ist hier das *Bedürfnis* nach – wie es Courant nennt – Arithmetisierung der Analysis. Kurz – der Mut zur Lücke gehört in unser Geschäft.

**Ganz wenig Logisches für unsere Kundschaft**

Mathematiker haben einige wenige Fachausdrücke und aussagenlogische Denkmuster, die für Schülerinnen und Schüler auf den ersten Blick nicht als solche erkennbar sind. Wir verbinden mit ihnen aber genaue Vorstellungen, die Schülerinnen und Schüler zur Kenntnis nehmen sollten.

▶ **Wichtig**

Das Wichtigste:

- ‚*Wenn – dann*' richtig verstehen: Wenn es regnet, wird die Straße nass.
- Es regnet, tja, dann wird die Straße nass.
- Am Tag darauf ist die Straße nass, hat es dann auch geregnet? Vielleicht – es könnte für die nasse Straße einen anderen Grund geben.

Wann ist etwas *notwendig,* wann *hinreichend?*

- Der Regen ist *hinreichend* dafür, dass die Straße nass wird.
- Eine Bedingung ist hinreichend, wenn sie hin reicht.

- Die nasse Straße ist die notwendige Bedingung für den Regen. Ist die Straße nicht nass, so hat es auch nicht geregnet. Eine Bedingung ist notwendig, wenn es ohne sie nicht geht, also: Wenn ihr Nichteintreffen das Eintreffen eines anderen Sachverhalts verhindert. Eine notwendige Bedingung nennt man auch *Conditio sine qua non.*
- In $A \Rightarrow B$ ist A die hinreichende Bedingung für B und B die notwendige Bedingung für A. Zusammengefasst: $(A \Rightarrow B) \Leftrightarrow (\neg B \Rightarrow \neg A)$.

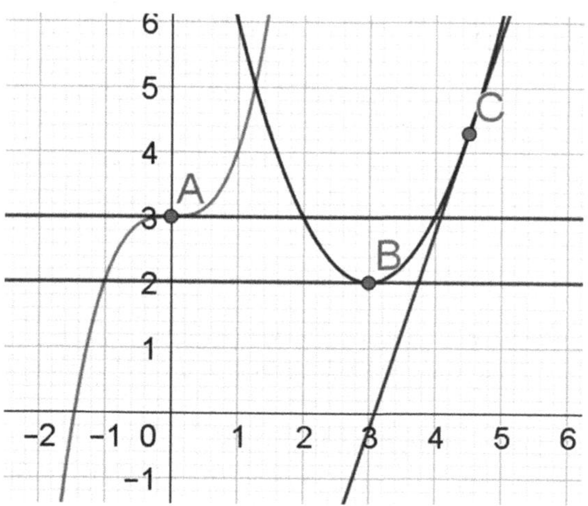


Erstellt mit © GeoGebra

*f* sei differenzierbar. Wenn die erste Ableitung nun gleich Null ist, liegt dann ein Hoch- oder Tiefpunkt vor? Vielleicht. Ist die erste Ableitung aber nicht gleich Null ist, dann liegt auch kein Hoch- oder Tiefpunkt vor. In A und C liegt kein Extrempunkt vor. In A ist die erste Ableitung zwar Null, aber das reicht nicht hin. In B ist die erste Ableitung Null und weil noch ein anderer Sachverhalt gegeben ist, liegt ein Tiefpunkt vor.

**Wichtige Wörter richtig verstehen**

Verheimlichen Sie Ihrer Klasse nicht, dass wir bei einigen Wörtern sehr genau sind:

- ‚es gibt': Dann kann es ggf. diverse Objekte geben, die gemeint sind.
- ‚oder': Damit meinen die Mathematiker das einschließende *oder:* Der Bus hält, wenn jemand einsteigt *oder* wenn jemand aussteigt *oder* wenn jemand einsteigt *und* jemand aussteigt.
- ‚entweder – oder': Das ist das ausschließende *oder:* Eine Zahl ist entweder eine Primzahl oder keine Primzahl.
- ‚genau dann, wenn': Der eine Sachverhalt tritt genau dann ein, wenn ein anderer Sachverhalt eintritt und umgekehrt, $x^2 = 1 \Leftrightarrow x = 1$ *oder* $x = -1$.

**Wie verneine ich in der Mathematik?**

Man verneine: Nachts sind alle Katzen grau.

Nachts sind *nicht* alle Katzen grau.

Es gibt *eine* Katze – also mindestens eine Katze, die nachts nicht grau ist.

Also: Ein Gegenbeispiel reicht.

Das *Nein* in der Mathematik ist das kontradiktorische *Nein,* also das *Nein,* das mit *nicht* gebildet wird. Das kontradiktorische Gegenteil von *Weiß* ist *nicht weiß,* also nicht etwa *schwarz.*

**Logische Grundprinzipien als Hintergrundwissen**

Der Satz vom Widerspruch:

Zwei einander widersprechende Aussagen können nicht zugleich zutreffen, $\neg(A \wedge \neg A)$

Und die berühmteste Stelle in der Literatur in diesem Zusammenhang: Aristoteles, Metaphysik, Buch 11, der Satz vom Widerspruch: *Es ist nicht möglich, dass dasselbe zu einer und derselben Zeit sei und nicht sei ...*

In diesen Kontext gehört auch der *Satz vom ausgeschlossenen Dritten* – tertium non datur.

Modus Barbara: Der Kettenschluss: $A \rightarrow B$ *und* $B \rightarrow C$, *also* $A \rightarrow C$.

Wenn es regnet, wird die Straße nass. Wenn die Straße nass ist, besteht Schleudergefahr. Also: Wenn es regnet, besteht Schleudergefahr.

Modus Tollens: $((A \rightarrow B) \wedge \neg B) \rightarrow \neg A$.

Wenn es regnet, wird die Straße nass. Die Straße ist aber trocken. Also: Es hat nicht geregnet, siehe oben.

Genaueres: jeweils in Wikipedia. Ausführlicheres findet man etwa in Schichl und Steinbauer (2018).

**Umgang mit komplizierten Formeln**

Komplizierte Formeln versteht man, indem man sie von innen nach außen aufschlüsselt.

Schulisches Extrembeispiel:

$f(x) = \frac{1}{\sigma\sqrt{2\pi}} e^{-\frac{(x-\mu)^2}{2\sigma^2}}$, also die Gaußsche Normalverteilung. Man beginnt im Unterricht bei $x - \mu$, quadriert und hangelt sich weiter durch den Exponenten der Exponentialfunktion; der Erwartungswert und die Streuung sind natürlich schon bekannt. Dann setzt man in die e-Funktion ein. Ebenso baut man den Vorfaktor von innen nach außen auf und schließlich multipliziert man. Wenn es sinnvoll ist, geht man zum zugehörigen Bild über und ändert etwa mit GeoGebra die Parameter, um eine anschauliche Vorstellung zu erreichen.

Und noch ein Extrembeispiel: der sogenannte sigma-Schock:

$$\sigma = \sqrt{\sum_{i=0}^{n} (a_i - \mu)^2 \cdot P(X = a_i)}$$

Dieser Schock soll bisweilen auftreten, wenn jemand diese Formel zum ersten Mal sieht. Wir befinden uns in der Statistik und reden über die Streuung; X ist eine Zufallsgröße mit den Werten $a_0, \ldots, a_n$. Die Abweichungen vom Erwartungswert werden quadriert, mit ihren Wahrscheinlichkeiten gewichtet und dann addiert. Zum Schluss zieht man noch die Wurzel und erhält so $\sigma$.

Dann ist $\sigma$die mit der Wahrscheinlichkeit gemittelte quadratische Abweichung vom Erwartungswert. Ist $\sigma$ gleich Null, so ist der Zufall langweilig.

Man beginnt bei der Erläuterung mit dem Erwartungswert $\mu$, geht über zur Abweichung der $a_i$ von $\mu$, die sinnvollerweise nicht negativ sein sollte, damit sich Effekte nicht gegenseitig aufheben; man quadriert also, gewichtet mit der Wahrscheinlichkeit, mit der die $a_i$auftreten, summiert und zieht zum Schluss die Wurzel. Idealerweise macht man dazu noch eine Skizze an die Tafel.

Übrigens – es gibt einfachere Formeln als die Gaußverteilung und die Streuung $\sigma$; trotzdem empfiehlt sich auch dann das gleiche Vorgehen.

# 6 Die Hilfsmittel

Mathematik ist Abenteuer im Kopf. Mathematische Bildungserlebnisse entstehen durch Einsichten innerhalb einer mathematischen Welt oder durch Wege in eine mathematische Welt, und die kann groß oder aber auch klein sein. Der Augenblick der Einsicht ist das, was zählt. Ich versuche, jungen Leuten solche Bildungserlebnisse zu vermitteln. Weiter oben war schon die Rede von Primzahlen; dass es unendlich viele Primzahlen gibt, kann man Schülerinnen und Schülern als mathematisches Bildungserlebnis nahebringen, nicht nur erzählen, sondern als Einsicht geschehen lassen. Gleiches gilt etwa für die Irrationalität von $\sqrt{2}$, den Satz des Pythagoras und vieles vieles andere.

Ich schreibe dies an dieser Stelle noch einmal, weil ich mich nun mit Werkzeugen befassen möchte. Werkzeuge sind ein Glück für alle, die sich mit Mathematik befassen wollen oder müssen. Jedoch – der Kern des Mathematischen liegt nicht im aufs Feinste durchdachten Tafelanschrieb, nicht in kleinen Geräten – ich meine Taschenrechner, Smartphones, in Tablets und Laptops –, und nicht in dynamischer Geometriesoftware oder Computer-Algebra-Systemen, sondern in unserem Denken.



R. J. Neveling, *Handwerkliches für den Mathematikunterricht,* essentials,
https://doi.org/10.1007/978-3-658-25116-1_6

## Die Tafel und der Verschönerungsverein

**Fall 1**

Sie haben sich bei der Planung der Stunde ein Tafelbild überlegt und das lassen Sie nun sukzessive im Unterricht entstehen – wie schön.

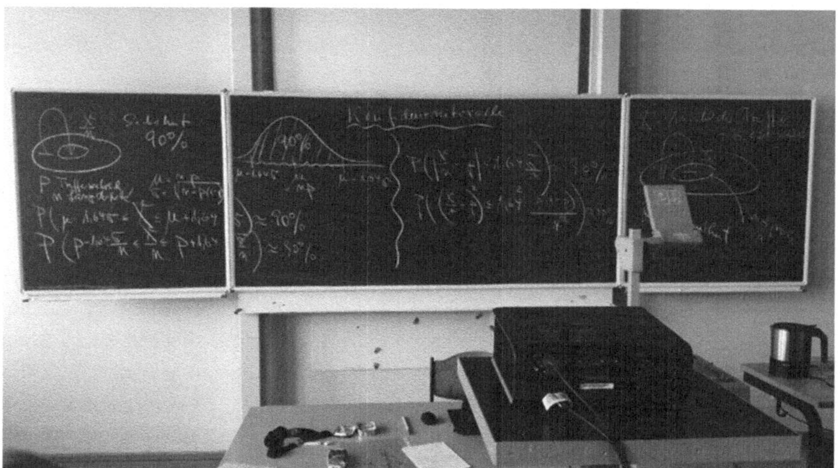


**Fall 2**

Sie haben das nicht gemacht, weil Sie einfach zu viel anderes zu tun hatten. Was nun? Die Standardtafel besteht aus zwei kleineren Tafeln rechts und links und einer großen Tafel in der Mitte. Für mich gilt das meistens nicht – die mittlere Tafel wird durch eine senkrechte Schlangenlinie in zwei Hälften geteilt und damit haben Sie vier Tafeln. Wenn Sie schöne, gerade, senkrechte Striche machen können, dann brauchen Sie natürlich keine Schlangenlinie; mir ist das aber nicht gegeben.

Nun beginnen Sie oben links, und es entsteht eine gewisse Ordnung. Geht es jedoch z. B. um den binomischen Lehrsatz, so wird die mittlere Tafel nicht geteilt.

**Fall 3**

Im unterrichtlichen Geschehen gehen Schülerinnen oder Schüler an die Tafel. Dann ergibt sich vielleicht ein Chaos im Anschrieb unter Missachtung von Fachsprache und mathematischer Symbolik.

Wenn ich nun von hinten korrigiere, weil ich das nicht ertragen kann, somit junge Leute in eine Prüfungssituation bringe und den Spaß an der Diskussion gründlich verderbe, muss ich mich nicht wundern, wenn keiner mehr gerne an die Tafel geht. Ich lasse das also und mache es anders.

Ich etabliere den *mathematischen Verschönerungsverein:* Nach der Diskussion an der Tafel korrigiere ich mit lieben Worten unter Hinweis auf den besagten Verein den Tafelanschrieb der Schüler, ohne Vorwürfe zu machen. Formalismus und Tafelbild muss man auch lernen.

Und noch ein Trick: An der Tafel zu stehen, bedeutet, vor der Gruppe zu stehen. Das mag nicht jeder. Also habe ich als Regel eingeführt, dass immer ein Team an die Tafel geht, Peter etwa mit seinem Banknachbarn. Sie agieren dann gemeinsam, und das fördert die Diskussion in der Klasse.

Einen jungen Menschen an die Tafel zu ordern, um ihn bloßzustellen oder zu disziplinieren, ist völlig falsch.

Und eine triviale Bemerkung abschließend: Ich habe an der Tafel alter Art die härtere Kreide verwendet, weniger Staub – weniger Dreck.

**Smartboards bzw. interaktive Whiteboards**

Smartboards sind die digitale Weiterentwicklung von Wandtafeln. Sie arbeiten in Verbindung mit Rechnern und erlauben damit auf elegante Art, z. B. mit Programmen erzeugte Grafiken – ich denke etwa an Geogebra, siehe weiter unten – auf großer Fläche zu präsentieren und vor allem auch mit handschriftlichen Kommentaren, Skizzen und Markierungen zu ergänzen, um Wesentliches stärker hervorzuheben. Man kann das Tafelbild zudem abspeichern und hat es somit als Start für die nächste Stunde, oder man kann es an den Kurs per Mail nach Hause schicken. Falls es nicht schon in einem anderen Fach geschehen ist, machen wir unseren Kurs mit der neuen Technik vertraut; das Smartboard wird so zur Supertafel, mit der wir so arbeiten, wie oben beschrieben, aber eben mit digitaler Bereicherung.

Wenn Sie in dem Thema Smartboard noch nicht zu Hause sind, hilft Ihnen zunächst Wikipedia weiter. Unter YouTube finden Sie viele Videos für Anfänger und Fortgeschrittene.

### Das Smartphone im Unterricht

Vermutlich haben wir es hier mit einem nicht ganz einfachen Thema und mit einer gewissen Meinungsvielfalt zu tun. Helfen da gesetzliche Regelungen wie in Frankreich weiter?

Ich sehe es so: Das Smartphone ist ein geniales Gerät; es aus dem Unterricht zu verbannen, halte ich für falsch. Aber – in der Unterrichtsstunde gehört es normalerweise in die Schultasche, nicht auf oder unter die Schulbank, und es sollte sich im Flugmodus befinden. Sind Sie allerdings der Meinung, dass es den Unterricht voranbringt, sollte die Klasse oder der Kurs es so nutzen, wie *Sie* es sich vorstellen. Darüber hinaus sollte es im Unterricht nicht verwendet werden. Die totale Kontrolle darüber wird Ihnen vermutlich nicht gelingen. Appellieren Sie an die Einsicht Ihrer Schülerinnen und Schüler. Das Ziel ist Konzentration auf die Sache: keine Spiele, keine SMS oder Whatsapps an Freunde während des Unterrichts.

Und wozu ist ein Smartphone im Unterricht gut?

- Um etwa GeoGebra in Partnerarbeit zur Verfügung zu haben, wenn keine Laptops etc. vorhanden sind,
- um ein Computer-Algebra-System (CAS), z. B. Wolfram Alpha, kennen zu lernen,
- um mathematische Sachverhalte bei Wikipedia nachzulesen,
- um Math 42 oder Ähnliches sinnvoll zu nutzen,
- um Schulwissen-Apps zur Verfügung zu haben,
- um Tafelanschriebe abzufotografieren
- um …

Bei Klausuren gehören die Smartphones auf das Lehrerpult, um Täuschungen zu verhindern.

Man kann mit einem Smartphone auf vielfältige Weise täuschen – nur ein Beispiel als Pars pro Toto: Man fotografiert die Aufgabe ab, schickt das Foto an seinen Bekannten, der löst die Aufgabe, fotografiert die Lösung ab und schickt sie wieder zurück. Bekanntlich ist in Klausuren die eigene Leistung gefragt, nicht die von Bekannten. Und – auch moderne Spickzettel, irgendwo versteckt im Speicher des Smartphones, sind Täuschungen.

Und noch ein Wort zu CAS: Dass es CAS gibt, ist wunderschön, und man sollte es als Mensch, der Mathematik lernt, kennenlernen; man sollte es aber keinesfalls immer zur Verfügung haben, siehe nächster Abschnitt.

### Der Taschenrechner

Als Taschenrechner ziehe ich ein Gerät vor, das kein Computer-Algebra-System ist.

Denn: Die Mathematik der Schule ist sehr weitgehend regeldominiert. Ob es in der Geometrie der Satz des Pythagoras oder die Strahlensätze sind oder ob es die

Ableitungsregeln sind oder die Binomialverteilung ist, Problemlösen heißt sehr oft, die richtige Regel zu finden und richtig anzuwenden. Damit kann bei Schülerinnen und Schülern der Eindruck entstehen, dies sei generell in der Mathematik so. Wir wissen, Mathematik ist mehr, und es gibt auch in der Schulmathematik kostbare Bereiche, in denen die Dinge anders liegen. Denken Sie z. B. an Integrationsregeln, Beispiel: Finden Sie eine Stammfunktion für den ln. Es geht dann um Probieren, Trail and Error, Intuition, Ideen und Frust. Wenn der Taschenrechner nun alles kann, fällt die Motivation für diesen Teil schulischer Mathematik-Welt weg – schade. Wenn ich ein CAS immer zur Verfügung habe, also auch in Klausuren, warum soll ich dann etwa noch über Stammfunktionen nachdenken?

**Verstehen – Begreifen – Anfassen**
Verstehen kommt von Begreifen, Begreifen kommt von Anfassen, Anfassen bedeutet: mit unseren Händen vor unseren Augen zu agieren. Dies ist vermutlich eine der Quellen unserer Intelligenz. Und das heißt in unserem Geschäft: Wenn ich den Quader im Unterricht behandle, lasse ich ihn basteln und dann im Schrägbild zeichnen; ich lasse basteln, wann immer es der Unterrichtsgegenstand nahelegt, und dies gilt auch für Kurse in der Oberstufe.

**Ein Beispiel**

Das rheinische Rauten-Dach, etwa der zentrale Turm von Maria Laach in der Eifel, eignet sich hervorragend als Unterrichtsgegenstand für die vektorielle Raumgeometrie. Das Dach kann man abzeichnen lassen, dann basteln lassen, um schließlich an ihm Aufgaben zu Geraden, zu Winkeln und zu Flächen im Raum zu stellen. Das Foto zeigt das gebastelte Pappmodell von Elisabeth, Jahrgangsstufe 12.

## GeoGebra

Das Wort Kurvendiskussion ist völlig falsch: erstens handelt es sich um Funktionen und normalerweise nicht um Kurven, und zweitens wird nicht diskutiert, weil alles klar ist.

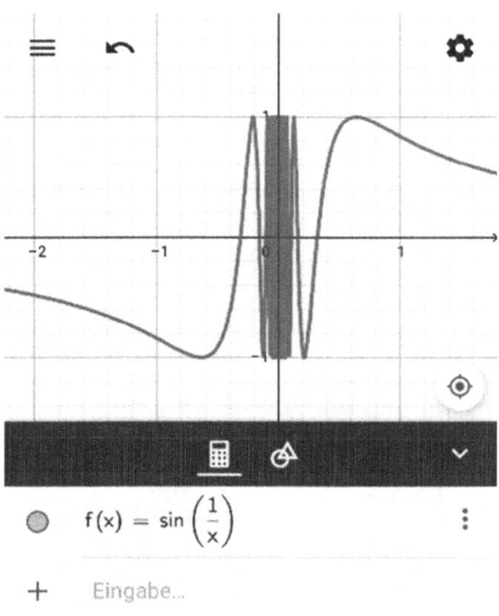


Erstellt mit © GeoGebra

Mit GeoGebra etwa haben wir ein Werkzeug erster Klasse

- für Geraden und Parabeln,
- für Kurven aller Art,
- für geometrische Konstruktionen,
- für Ortskurven,
- für Kurvendiskussionen,
- Für Kurvenscharen
- für …

Lässt sich der Beamer bzw. das Smartboard im Klassenraum nicht nur durch den Laptop, sondern auch per Smartphone oder Tablett steuern, so muss ich nicht vorne stehen. Aber Vorsicht: Wenn Schülerinnen und Schüler via Bluetooth Zugriff auf den Beamer haben, sollten Sie im Raum sein. Smartphones bieten viele Möglichkeiten, die nicht in den Unterricht gehören.

Sind Ihre Interessen noch weitergehend, so bietet sich z. B. Kaenders und Schmidt (2014) an.

# 7 Mit Bildern lernen

Bilder sind Hilfsmittel, die für Lernprozesse grundlegend sind, und Bilder – vor allem auch bewegte Bilder – sind besser als tausend Worte. Wegen ihrer Wichtigkeit gehören sie in ein eigenes Kapitel. Im Folgenden führe ich einige, wenige Beispiele als *Pars pro Toto* an, um die Wichtigkeit von Bildern zu untermauern.

**Beispiel 1: Brüche und Pizzen**

Soll ich die Pizza in vier Teile oder in acht Teile zerschneiden? In vier, acht schaffe ich nie.

R. J. Neveling, *Handwerkliches für den Mathematikunterricht*, essentials,
https://doi.org/10.1007/978-3-658-25116-1_7

Mit dem Unterricht in Bruchrechnung habe ich lange experimentiert. In der ersten Unterrichtsphase stehen selbstverständlich Bilder zur Bruchrechnung im Vordergrund, um grundlegende anschauliche Vorstellungen zu *plus, minus, mal und geteilt* zu entwickeln, etwa klar zu machen, dass *von* zu *mal* wird

$\frac{1}{3}$ *von* $\frac{1}{2} = \frac{1}{3} \cdot \frac{1}{2}$

Dann tritt eine Phase auf, in der die Regeln der Bruchrechnung eingeübt werden und in der sehr häufig die anschaulichen Vorstellungen leider verblassen. Da sehe ich das Problem, dass leeres Stroh gedroschen wird. Bekanntlich gilt: Gedanken ohne Inhalt sind leer, Anschauungen ohne Begriffe sind blind (Kant). In dieser Situation bietet es sich an, wieder zurückzurudern und die Grundvorstellungen – Kreisdiagramme und Pizzen – aufzuwärmen, um dann mit den Regeln zur Bruchrechnung und mit Bildern weiter zu arbeiten. Brüche kann man auch als Operatoren sehen, dann bieten sich Pfeilbilder an.

**Beispiel 2: Pfeilbilder**

Brüche als Operatoren

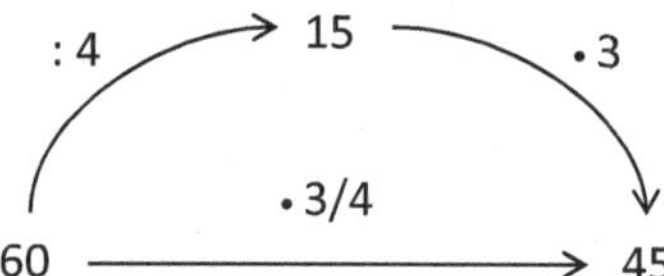


Funktion und Umkehrfunktion

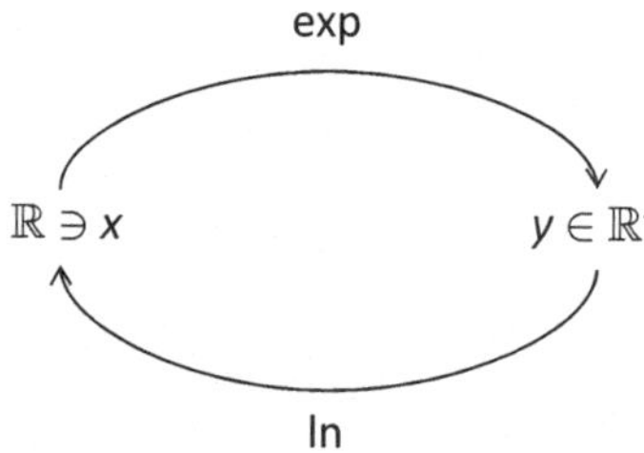

Verkettung von Funktionen

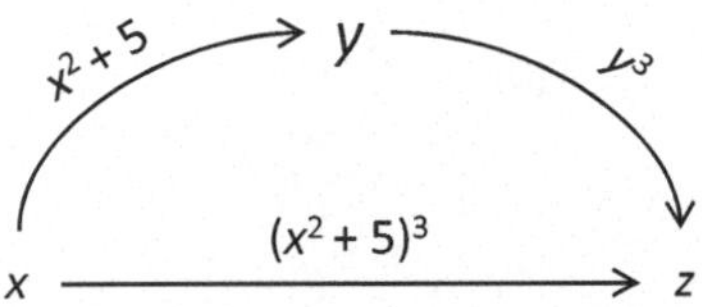


## Beispiel 3: Die quadratische Ergänzung ist ein Quadrat

$$x^2 + 4x - 3 = 0$$

$$x^2 + 2x + 2x = 3 \qquad | + 4$$

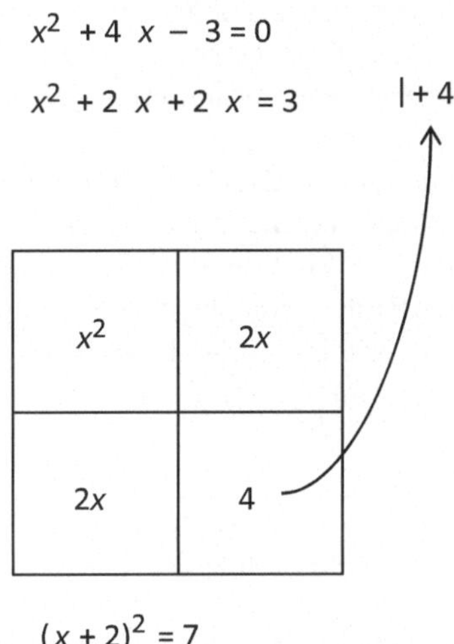


$$(x + 2)^2 = 7$$

Führt die Lösung einer quadratischen Gleichung in die Menge der komplexen Zahlen, so lesen literarisch Interessierte unter uns den entsprechenden Abschnitt aus Robert Musils *Die Verwirrungen des Zöglings Törless* vor, um dann darauf hinzuweisen, dass es in der *Gaußschen Zahlenebene* kein *Größer-Gleich* mehr gibt und sich aus diesem und aus anderen Gründen der Charakter von Zahlen im Übergang von den reellen zu den komplexen grundlegend geändert hat. $3 + 4\,i$ Tomaten machen keinen Sinn. Zaubern geht leider auch in der Mathematik nicht.

**Beispiel 4: Bäume**

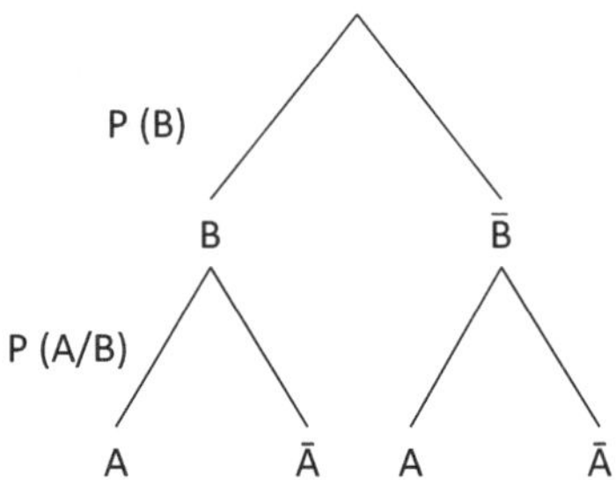


Die Bäume der Stochastik stehen häufig auf dem Kopf. Dennoch sind sie das zentrale Hilfsmittel, um Zufallsexperimente zu visualisieren. Ich zeichne Bäume und lasse Bäume zeichnen, wann immer es nahe liegt; sie helfen, ein Zufallsexperiment zu analysieren.

In dem obigen Baum erfolgt in der ersten Stufe entweder der Ausfall B oder nicht-B. B tritt mit der Wahrscheinlichkeit P(B) auf. In der zweiten Stufe ergibt sich entweder A oder nicht-A. Multipliziert wird dann gemäß Pfadregel entlang der Äste. Dabei ist P(A/B) die bedingte Wahrscheinlichkeit, dass zunächst B und dann A auftritt, also treten insgesamt *A und B, d. h.* $A \cap B$ gemäß

$$P(A \cap B) = P(B) \cdot P(A/B)$$

auf.

Gilt $P(A/B) = P(A)$, so ist das Eintreten von A *unabhängig* von dem Eintreten von B. Die Ausfälle A und B sind also unabhängig, wenn gilt $P(A \cap B) = P(A) \cdot P(B)$.

Sie sehen, das obige Bild ist der Schlüssel zum Verständnis fundamentaler Ideen der Stochastik. Diese Ideen liegen auf dem Weg zur Binomialverteilung und damit zur Normalverteilung. Mit zunächst 2-seitigen und dann einseitigen Tests und mit Schätzen geht es dann weiter.

Und noch eine kleine Bemerkung: Denken Sie an Einsteins Empfehlung, beginnen Sie mit Münzen und Würfeln und kommen Sie auf diese beiden Prototypen immer wieder zurück, etwa auch bei Tests und Schätzungen. In diesem Sinne sind dann auch die Binomialkoeffizienten und der Binomische Lehrsatz eher ein Kind der Wahrscheinlichkeitsrechnung als der Algebra.

Empfehlung als Lehrbuch für den Unterricht beispielsweise Strick (2010).

## Beispiel 5: Tangentenproblem

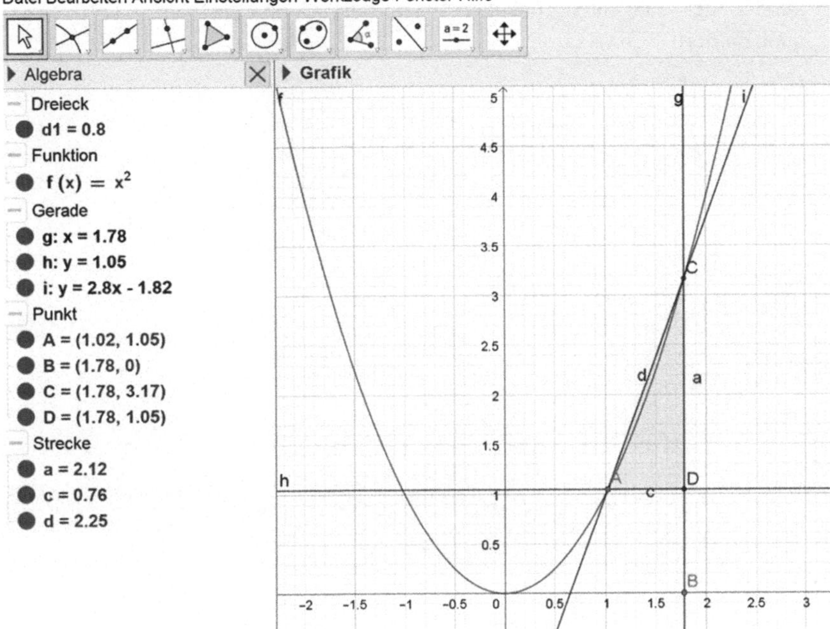


Erstellt mit © GeoGebra

In GeoGebra zeichnen wir die Normalparabel und auf ihr den Punkt A mit (1;1); B liegt variabel auf die $x$-Achse. Durch B zeichnen wir nun die Parallele zur $y$-Achse, die dann die Parabel in C schneidet. Mit der Geraden durch A und C ergibt sich eine Sekante, deren Gleichung man links findet. Hat diese Gleichung nicht die übliche Form, also $y = m \cdot x + b$, so erhalten wir sie per Mausklick auf die Gleichung. Jetzt hat man die Steigung der Sekante – in unserem Bild beträgt sie $m = 2{,}8$. Wenn wir nun auch noch durch A eine Parallele zur $x$-Achse legen, die die Parallele zur $y$-Achse in D schneidet, haben wir mit ADC ein Steigungsdreieck.

Wenn wir nun B auf der $x$-Achse mit der Maus verschieben, beginnt die Diskussion des Tangentenproblems: dynamische Geometrie hier – Differenzenquotient dort:

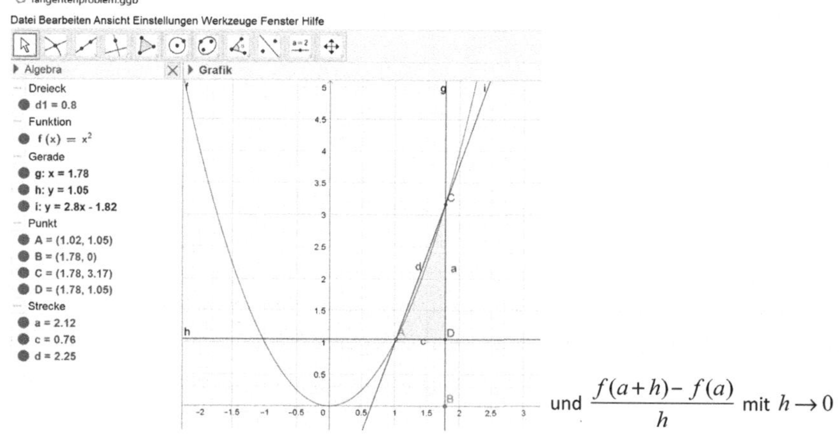


und $\frac{f(a+h) - f(a)}{h}$ mit $h \to 0$

Erstellt mit © GeoGebra

## Beispiel 6: Tangentensteigung gleich 1

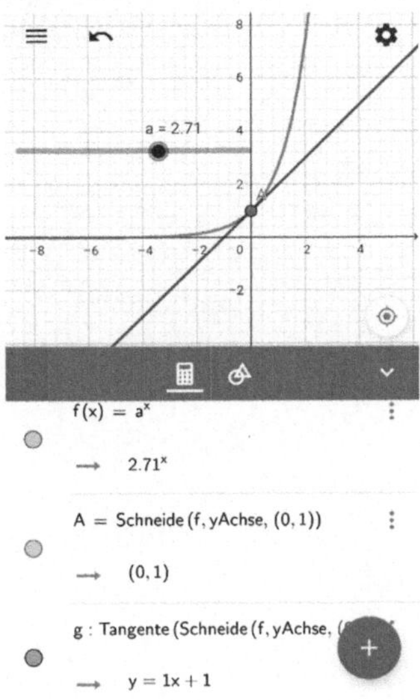


Erstellt mit © GeoGebra

Um die Exponentialfunktion einzuführen, legt man in GeoGebra – hier nun ein Bild aus dem Handy – einen Schieberegler $a$ mit z. B. $1.5<a<3.5$ an, bildet damit die Funktionenschar $f$ mit $f_a(x) = a^x$, legt in (0;1) die Tangente per GeoGebra-Befehl an und variiert a so lange, bis die Tangentensteigung ca. 1 ist. $a$ liefert dann einen Näherungswert für die Eulersche Zahl $e$. Das dürfte der einfachste Weg sein, um die Zahl $e$ und die Exponentialfunktion $f$ mit $f(x) = e^x, x \in \mathbb{R}$, anschaulich einzuführen.

Ausführlicheres dazu im Mathetreff der Bezirksregierung Düsseldorf.

# Bewerten

# 8

**Der Grundgedanke**

Um Leistung im Fach Mathematik zu bewerten, möchte ich Ihnen einen Verfahrensvorschlag machen, der alles andere als neu ist. Dennoch finde ich ihn sehr hilfreich: Klassifizieren Sie Schülerleistungen nach den Bereichen

- memoriale Leistung,
- operative Leistung,
- kreative Leistung.

Ich erkläre das beispielsweise so:

*Ihr habt vor Euch einen Berg kleiner Bauklötze, z. B. Lego-Steine, und ein Bild von einem Einfamilienhaus mit drei Fenstern.*

*Memorial heißt: Baut ein ähnliches Haus mit mehr oder weniger Fenstern.*

*Operativ heißt: Baut einen Bungalow mit Garage.*

*Kreativ heißt: Baut einen Kirchturm.*

Der Grundgedanke zur Bewertung von Leistungen gilt natürlich für Klausuren, für die Mitarbeit im Unterricht und für mündliche Prüfungen.

**Klausuren**

Wenn ich eine Klausur entwerfe, behalte ich diesen dreiwertigen Grundgedanken im Hinterkopf. Klausuren sollten normalerweise alle drei Bereiche abdecken. Dabei habe ich in vielen Fällen – themenabhängig – die drei Bereiche zueinander so gewichtet, dass ca. fünfzig Prozent der Aufgabenstellungen den memorialen und ca. zehn Prozent den kreativen Bereich ausmachen. Bei der Punktwertung der Klausur gehe ich zudem nach Zeitaufwand vor: Aufgabenteile, die mehr Bearbeitungszeit erfordern, bekommen mehr Punkte. Schwierige Aufgabenteile

 
R. J. Neveling, *Handwerkliches für den Mathematikunterricht,* essentials,
https://doi.org/10.1007/978-3-658-25116-1_8

bekommen wegen ihrer Schwierigkeit natürlich nicht mehr Punkte, denn sie werden sonst für diejenigen, die sie nicht bearbeitet haben, sozusagen doppelt schwer. Bei der Bewertung, also der Notenfindung, dürfte nun der schwer zu fassende, nicht zu übersehende, durchaus relevante, regional unterschiedliche Zeitgeist eine Rolle spielen. Sicher scheint mir aber Folgendes: Ist der memoriale und der operative Anteil der Klausur ganz gelöst und gibt es einen sinnvollen, vielleicht nicht richtigen, aber nachvollziehbaren Gedanken im Kreativen, so sind wir oberhalb der Note *gut*.

Kleinere Tipps im Umgang mit Klausuren:

- Klausuren erfordern einen sanften Start: Den ersten Aufgabenteil sollten normalerweise alle Kursteilnehmer sinnvoll bearbeiten können.
- Korrekturfreundlichkeit als Lebenshilfe: Natürlich denke ich beim Entwurf einer Klausur an mein Wochenende und daran, dass die Korrektur mit einer gewissen Zügigkeit erfolgen kann. Fünf Stellen hinter dem Komma sind suboptimal.
- Ich arbeite mit offenen Karten und schreibe die Punktwertung an den Rand. Wenn ich dann bei der Korrektur einen Fehler gemacht habe, so schaffe ich ihn mit Freundlichkeit aus der Welt. Die Note wird aber erst am heimischen Schreibtisch geändert. Zudem weise ich darauf hin, dass die Note ggf. nach oben verändert wird, sicher aber nicht nach unten. *Ich* habe ja den Fehler gemacht.
- Immer wieder erläutere ich der Klasse die Strategie des Klausurschreibens: Die Klausur deckt drei Bereiche an. Wer nicht das Ziel hat, die Note 1 zu schreiben, braucht auch nicht alles zu bearbeiten. So kann man Zeit gewinnen. Zu Beginn sollte man alles langsam durchlesen, um zu entscheiden, womit sinnvollerweise anzufangen ist und was man vielleicht besser weglässt. Das kann die Nerven beruhigen.
- Der Umfang einer Klausur: Wenn ich eine Klausur konzipiere, stellt sich die Frage nach dem inhaltlichen Umfang der Klausur. Es gibt keine wirklich verlässliche Regel, aber eine Faustformel: Müsste ich die von mir formulierte Klausur selber schreiben, brauchte ich eine gewisse Zeit; diese Zeit nehme ich mal drei, mal vier oder mal fünf je nach Art der Klausur, ob sie nun Zeichnungen, viel Text oder längere Rechnungen erfordert, und diese Zeit billige ich meinem Kurs für die Bearbeitung zu.
- Teaching to the test: Handelt es sich bei der Klausur um eine sehr wichtige, etwa um eine Abschlussklausur, sodass sich eine Unterrichtsphase im Sinne von *teaching to the test* anbietet, in der ich früher gestellte Klausuren durchrechnen lassen, so kehre ich auch die Denkrichtung meiner Schülerinnen und

Schüler versuchsweise um: Ich lasse den Kurs nach meinen Vorgaben Klausuraufgaben selber entwerfen. Das verändert die Perspektive von Schülerinnen und Schülern auf die Gestaltung von Aufgaben und reduziert Langeweile. Die Klasse entwirft als Übung eine Klassenarbeit, der LK eine Klausur für einen Grundkurs, der Grundkurs ebenso für den Leistungskurs. Sie sagen, das geht nicht? Probieren Sie es aus.

- Vorbereitung der Klausur im Unterricht: In der letzten Stunde vor der Klausur thematisiere ich nichts Neues mehr. Ich erläutere, was in der Klausur gefordert wird, indem ich die Themen der Klausur kurz anspreche. Klare Absprachen erleichtern das Leben, auch das Ihre, Sie müssen ja dann korrigieren. Geben Sie Raum für Fragen.
- Empfehlen Sie Ihrem Kurs, die häusliche Klausurvorbereitung auf mehrere Tage zu verteilen – dies am besten mit einem kleinen Arbeitsplan. Dabei bedenke man, dass der Weg in die Hölle mit guten Vorsätzen gepflastert ist, an die man sich nicht hält.
- Fällt eine Klausur schlecht aus, spricht das dann gegen den Kurs oder gegen mich oder gegen uns beide? Also – was hätte ich besser machen können?
- Wenn ich die Klausur liften muss, so – ein mögliches Verfahren – nehme ich Aufgabenteile aus der Wertung, beziehe aber selbstverständlich Schülerleistungen im Bereich des Gestrichenen mit in die Wertung ein: Mehr als hundert Prozent erreicht zu haben, ist ja nun auch besonders schön.

**Mitarbeit in der Unterrichtsstunde bewerten**

Ich lege eine Matrix an: in der linken Spalte die Namen der Kursmitglieder, in der obersten Zeile das Datum der Stunden des Quartals. Nach den einzelnen Stunden gehe ich die Namen durch: Wesentliche Mitarbeit – ein längerer Strich im Kästchen, geringere Mitarbeit – ein kürzerer Strich; Zeitaufwand für mich insgesamt 30 s. Am Ende des Quartals habe ich dann eine Grundlage für die Beurteilung der mündlichen Mitarbeit und Argumente für meine Benotung. Haben Sie ein besseres Verfahren, so benutzen Sie dies.

**Mündliche Prüfungen**

Mündliche Prüfungen sind kein Unterricht, d. h. sie stellen fest und überprüfen Wissen und Fähigkeiten, aber das Ziel ist nicht, dem Prüfling in der Prüfung neue Einsichten zu vermitteln. Fragend-entwickelndes Vorgehen ist ja sowieso nicht meine Sache – auch in Prüfungen nicht. Kommt der Prüfling in der Prüfung per Eigeninitiative auf neue Einsichten, so nehme ich das natürlich gerne zur Kenntnis.

Und – für den Erfolg von Prüfungen ganz wichtig – Prüfungen erfordern wie eine Klausur einen sanften Start. In mündlichen Prüfungen werden keine Defizite aufgearbeitet, die sich in einer Klausur vorher gezeigt haben – neue Prüfung, neues Glück. Die Beurteilung der Prüfungsleistung erfolgt dann im Sinne der oben genannten drei Bereichen.

In Prüfungen wird positiv gedacht, wie auch sonst in unserem Beruf: Eine Prüfung soll zeigen, dass der Prüfling etwas kann und nicht, dass er etwas nicht kann. Zeigen sich dann Defizite, so werden sie registriert, aber nicht ausgekostet.

# 9 Erzählen Sie Geschichten

Geschichten von Menschen, die Mathematik gemacht haben, erzähle ich gerne und lasse ungern eine Gelegenheit dazu aus. Geschichten gehören einfach in den Mathematikunterricht. Vielleicht ist die folgende Liste für Sie eine Anregung, Geschichten, Biografien und Anekdoten nicht zu kurz kommen zu lassen. Man könnte erzählen von

- *Platon, den platonischen Körpern und den platonischen Ideen*
- *Euklid und seinem Buch*
- *Scipione del Ferro, Tartaglia, Cardano und der Gl. 3. Grades*
- *Newton, Leibniz, der Geschichte der Analysis und dem Infinitesimalen*
- *Ruffini, Abel, Galois,*
- *der Gl. 5. Grades, dem Anfang der modernen Mathematik und dem Abelpreis*
- *Euler, der e-Funktion und den Brücken in Königsberg*
- *Kant, Raum und Zeit und der Raumzeit bei Einstein*
- *Gauß, dem 10-DM-Schein und der Glockenkurve*
- *Hilbert und vom Ende der Mathematik in Göttingen nach 1933*
- *Andrew Wiles und dem großen Satz von Fermat*
- *Nicolas Bourbaki*
- *Emmy Noether und Sonja Kovalevskaja*
- *Gert Faltings, Maryam Mirzakhani, Peter Scholze und der Fieldsmedaille*
- *und von vielen, vielen anderen.*

Und wo findet man die Biografien dieser Mathematikerinnen und Mathematiker? Suchen Sie z. B. in Wikipedia oder auch in Fröba und Wassermann (2013).



R. J. Neveling, *Handwerkliches für den Mathematikunterricht,* essentials,
https://doi.org/10.1007/978-3-658-25116-1_9

# Mathematische Bildung 10

Zum Abschluss dieses kleinen Textes noch ein Grundgedanke: In der aktuellen Diskussion etwa in der DMV – der Deutschen Mathematiker-Vereinigung – ist ein wesentliches Thema die sogenannte Kompetenzorientierung. In diese Diskussion möchte ich mich nicht einschalten, sondern nur einen Gedanken formulieren: Mathematikunterricht soll selbstverständlich Kompetenzen vermitteln, etwa darauf hinarbeiten, dass unterschiedliche Typen von Gleichungen sicher gelöst werden können, um nur ein Beispiel zu nennen. Jedoch – das Ideal ist für mich nach wie vor mehr als das Technische und Kompetenzen: Ich denke an *mathematische Bildung,* die natürlich handfestes Wissen einschließt. Hierzu etwa Kaenders und Weiss (2017).

Also – was ist mathematische Bildung?

Es handelt sich dabei um eine Gedankenwelt, die nur schwer zu fassen und zu überblicken ist. Dazu gehört aber sicher,

- Beziehungen zwischen mathematischen Gegenständen und zwischen verschiedenen mathematischen Theorien zu sehen,
- Algebra und Geometrie, Gleichungen und Graphen als Verwandte aufzufassen,
- Anwendungen von und Modellierungen mit Mathematik – auch in der Stochastik – zu verstehen,
- Bezüge zu anderen Wissenschaften, etwa zur Physik, im Blick zu haben,
- das Unendliche in seiner vielfältigen Rolle zu bestaunen,
- historische Entwicklungen in der Mathematik ansatzweise zu überblicken, etwa von der Geschichte der komplexen Zahlen gehört zu haben,
- zu sehen, dass Mathematik von Menschen unterschiedlich aufgefasst wird und wurde, so z. B. von Platon in seiner Ideenlehre und von Hilbert in seinem Formalismus, siehe Becker (1975).



R. J. Neveling, *Handwerkliches für den Mathematikunterricht,* essentials,
https://doi.org/10.1007/978-3-658-25116-1_10

Diese Liste ist nicht erschöpfend, fügen Sie Weiteres hinzu. Vielleicht gelingt es uns, unseren Schülerinnen und Schülern wenigstens einen kleinen Blick in diese große, faszinierende Welt zu vermitteln und zugleich mathematisches Wissen, das Technische und die Kompetenzen zu pflegen.

Und auch dies gehört zur mathematischen Bildung, wie ich sie verstehe: Zu unserem Fach haben sich zudem Dichter und Schriftsteller wie Goethe, Th. Mann, R. Musil und viele andere geäußert, ob sie das Mathematische nun mochten oder eher nicht, siehe Radbruch (1997). Vielleicht erzählen Sie auch davon ein wenig im Unterricht.

# Was Sie aus diesem *essential* mitnehmen können

In diesem Lehrer-Handwerksbuch zum Mathematikunterricht haben Sie gelernt,

- wie Sie im Unterricht gute Laune machen können,
- wie Sie Standard-Einzelstunden gestalten können,
- wie Sie mit schwierigen Themen im Unterricht umgehen können,
- wie Sie die Tafel und digitale Hilfsmittel einbeziehen können,
- wie Sie auf transparente Weise zu Noten kommen,
- wie Sie Historisch-Biografisches in Ihren Unterricht einbeziehen können,
- und wie Sie Ihren Kurs über Kompetenzen hinaus mathematische Bildung erfahren lassen können.



R. J. Neveling, *Handwerkliches für den Mathematikunterricht*, essentials,
https://doi.org/10.1007/978-3-658-25116-1

# Literatur

## Verwendete Literatur


Becker, O. (1975). *Grundlagen der Mathematik in geschichtlicher Entwicklung*. Frankfurt a. M.: Suhrkamp Taschenbuch.

Brunner, E. (2014). *Mathematisches Argumentieren, Begründen und Beweisen*. Heidelberg: Springer Spektrum. (hingewiesen sei hier insbesondere auf das zweite Kapitel).

Courant, R. (1971). *Differential- und Integralrechnung 1* (4. Aufl.). Heidelberg: Springer.

Fröba, S., & Wassermann, Alfred. (2013). *Die bedeutendsten Mathematiker*. Wiesbaden: Marixverlag.

Hardy, G. H. (1940). *A mathematician's apology*. Cambridge: Cambridge University Press (Reprint 1985).

Kaenders, R., & Schmidt, R. (2014). *Mit GeoGebra mehr Mathematik verstehen* (2. Aufl.). Wiesbaden: Springer Spektrum.

Kaenders, R., & Weiss, Y. (2017). Mathematische Schneeschmelze. *DMV-Mitteilungen 2*, 82 ff.

Müller, G., & Wittmann, E. C. (1988). Wann ist ein Beweis ein Beweis? In P. Bender (Hrsg.), *Mathematikdidaktik – Theorie und Praxis. Festschrift für Heinrich Winter* (S. 237–258). Berlin: Cornelsen.

Radbruch, K. (1997). *Mathematische Spuren in der Literatur*. Darmstadt: Wissenschaftliche Buchgesellschaft.

Schichl, H., & Steinbauer, R. (2018). *Einführung in das mathematische Arbeiten* (3. Aufl.). Berlin: Springer Spektrum.

Strick, H. K. (2010). *Einführung in die Beurteilende Statistik*. Braunschweig: Schroedel.

Ziegler, G. M. (2013). *Gespräch mit Klaus-Dieter Schuster*. BR2, am 18. Juni 2013, Zitat ‚Modellieren' mit Einverständnis von G. M. Ziegler.


 
R. J. Neveling, *Handwerkliches für den Mathematikunterricht*, essentials,
https://doi.org/10.1007/978-3-658-25116-1

## Literatur, die ich Ihnen für den Hintergrund unserer Tätigkeit empfehlen möchte

Aigner, M., & Ziegler, G. (2018). *Das BUCH der Beweise* (5. Aufl.). Heidelberg: Springer Spektrum.

Alsina, C., & Nelsen, R. B. (2013). *Bezaubernde Beweise*. Heidelberg: Springer Spektrum.

Aumann, G. (2006). *Euklids Erbe*. Darmstadt: Wissenschaftliche Buchgesellschaft.

Basieux, P. (2011). *Die Architektur der Mathematik*. Reinbek bei Hamburg: Rowohlt.

Bedürftig, T., & Murawski, R. (2015). *Philosophie der Mathematik* (3. Aufl.). Berlin: De Gruyter.

Behrends, E., Gritzmann, P., & Ziegler, G. M. (2016). *Pi und Co., Kaleidoskop der Mathematik*. Heidelberg: Springer Spektrum.

Courant, R., & Robbins, H. (2001). *Was ist Mathematik?* (5. Aufl.). Heidelberg: Springer.

Davis, P., & Hersh, R. (1986). *Erfahrung Mathematik*. Basel: Birkhäuser.

Führer, L. (1997). *Pädagogik des Mathematikunterrichts*. Wiesbaden: Vieweg.

Glosauer, T. (2017). *(Hoch)Schulmathematik* (2. Aufl.). Wiesbaden: Springer Spektrum.

Grieser, D. (2017). *Mathematisches Problemlösen und Beweisen* (2. Aufl.). Wiesbaden: Springer Spektrum.

Heuser, H. (2008). *Unendlichkeiten, Nachrichten aus dem Grand Canyon des Geistes*. Wiesbaden: Teubner.

Mathetreff der Bezirksregierung Düsseldorf, www.mathe-treff.de.

Scharlau, W. (2017). *Das Glück, Mathematiker zu sein*. Wiesbaden: Springer Spektrum.

v. Mangoldt-Knopp, H. (1990). *Einführung in die Höhere Mathematik*. Band 1 und 2. Stuttgart: Hirzel.

Winter, H. (2015). *Entdeckendes Lernen im Mathematikunterricht* (3. Aufl.). Wiesbaden: Springer Spektrum.

Wittmann, E. C. (1981). *Grundfragen des Mathematikunterrichts*. Braunschweig: Vieweg.

Wittmann, E. C. (1987). *Elementargeometrie und Wirklichkeit*. Braunschweig: Vieweg.

## Und schließlich zur Erholung

Nadolny, S. (1983). *Die Entdeckung der Langsamkeit*. München: Piper. Ein Roman.